I0432263

FACTOR & REGROUP

intensive numerical workbook

Dr. I.M. (Omar) Minyawi

Mohamed-Kareem Elminyawi

CONTENTS

Introduction......3

Instructions......4

Section 1: The Sum and Product of Two Factors......5

Section 2: The Sum and Product of Three Factors......22

Section 3: The Sum and Product of Four Factors......39

Section 4: The Sum and Product of Five Factors......56

Section 5: The Sum and Product of Six Factors......73

Section 6: The Sum and Product of the Digits of a Number......90

Section 7: The Sum and Product of Varying Numbers of Factors......101

2

INTRODUCTION

Factor and Regroup is a new addition to our series of books and puzzles that we have introduced for the benefits of students, schools, and the public at large. In our earlier works we paired numbers and geometry in a brand-new form of math puzzle books, starting with Juggle-3 leading up to Tetra-Tri. In the last book, we dealt with 3-D figures mixed with numerical exercises.

In this book, we handle the subject of factoring a relatively large number into its factors. For example, the number 60 has the following factors – 2,2,3,5, which when multiplied equal 60. These are all prime numbers and cannot be factored or broken down any further. This book is based on a simple and innovative idea. Rather than asking for the prime factors of a number N as done in many textbooks and schools, we propose the following question: find the factors of N that add up to M, where N and M are positive integers. In the case of the number 60 mentioned earlier, we ask the reader to find the factors of 60 (not necessarily the prime factors) that multiply to 60 and add to 12. Here, the factors are 4, 3, and 5. A similar question that may be asked is which factors of 60 add to 13. The factors chosen are no longer 2,2,3,5. Rather they are 6, 5, and 2. In this instance, 6*5*2 is still 60, however, the sum of the factors is different. These puzzle questions delve into both combinatory and algebraic areas of mathematics. This book is full of problems like the one we just discussed.

This book has 100 pages of problems, in each page there are 8 problems for a total of 800 questions. These questions include lots of numerical work, thinking, and problem solving. Below each question there is enough space for a reader to work out the problem in the book. Of course, calculators are allowed, but first try without one for an even greater challenge!

We urge teachers and schools to use this rich material as an activity book for teaching new applications in mathematics to eager students. Whether you are a student or not, these questions are great mental exercises that help with brain agility and encourage unique mathematical thinking.

The answers to the exercises are not included in the book because we want the users to try their very best to find an answer. Every answer is easily self-checked for verification of accuracy. However, parents, teachers and interested parties could contact us to order a copy of the answers. This book touches lightly on a subject of wide breadth. Factorization has many applications in algebra, encryption, and computer science.

Contact the Minyawi Enterprise @ P.O. Box 1291, Latham, NY, 12189.

INSTRUCTIONS

This book is divided into 7 sections. The first five sections are 16 pages each, and the final two sections are 10 pages each.

Every number that is not prime can be broken into multiplying factors. For each question, the reader is given two numbers. The first number is the sum of the multiplying factors of the second number. For example, if a question gives (26 1008) and asks the reader for four factors, the reader must factor 1008 into four numbers that sum up to 26. The answer for this question is (3,4,7,12) because these factors multiply to 1008, and add to 26. In the first five sections of the book, you will look for either 2, 3, 4, 5, or 6 factors.

In the sixth section, the reader is given the sum of the digits of a number and the product of those digits, and the reader must find what the digits are. For example,

(27 1296). The first number, 27, is the sum of the digits of the sought-after number. The second number, 1296, is the product of those digits. The answer for this question is (81693). By multiplying 8*1*6*9*3, the result is 1296. When we add these numbers, the result is 27. Keep in mind that 1 does not affect the product of the solution, however, it alters the sum. This is key to finding the correct solution. Of course, in this section, none of the digits will be zero, because multiplying by zero will always produce a zero.

In the seventh and final section of the book, the reader is given a mixture of questions from sections 1 through 5, however, the reader is not told how many factors are used to create the sum and the product.

Few problems may have more than one solution.

TIPS FOR SUCCESS:
- Even numbers end in 0, 2, 4, 6, and 8, and are all divisible by 2.
- If you add the digits of a number and the sum is divisible by 3, then the original number is divisible by 3. For example, 783 – the digits add to 18 (7+8+3 = 18), and the number 783 is divisible by 3 (783/3 = 261)
- Similarly, if you add the digits of a number and the sum is divisible by 9, then the original number is divisible by 9. For example, 657 – the digits add to 18 (6+5+7 = 18), and the number 657 is divisible by 9 (657/9 = 73)
- If a number is divisible by 6, it is also divisible by 3 and 2.
- Any number that ends in a 0 or a 5 is divisible by 5.
- Any number that ends in a 0 is divisible by 10.

For questions, suggestions, or comments, please contact us at **Minyawi Enterprise** @ P.O. Box 1291, Latham, NY, 12189. We welcome any collaborations and assignments in the field of math education, games, and puzzles.

SECTION 1: Sum and Product of Two Factors

This number is the sum of the two factors.   **This number is the prodoct of the two factors.**

⇨ 58   672 ⇦

answer: 16 and 42

16 + 42 = 58
16 * 42 = 672

| 67 | 1102 | | 39 | 248 | | 22 | 112 | | 69 | 1058 |

| 63 | 986 | | 87 | 1820 | | 72 | 1152 | | 84 | 1763 |

| 72) 1287 | 62) 861 | 52) 675 | 31) 234 |

| 39) 308 | 46) 168 | 24) 144 | 48) 92 |

25 156	51 578	73 1150	82 1600
79 1518	42 432	49 490	57 656

<u>56 343</u>	<u>34 285</u>	<u>74 1173</u>	<u>66 968</u>
<u>80 1551</u>	<u>37 336</u>	<u>50 400</u>	<u>62 561</u>

| 78 | 1377 | | 69 | 1134 | | 72 | 1127 | | 64 | 1008 |

| 57 | 812 | | 60 | 819 | | 32 | 112 | | 23 | 102 |

| 34   64 | 19   48 | 83   1666 | 46   465 |

| 73   1330 | 48   287 | 58   697 | 51   650 |

| 32 | 247 | | 61 | 748 | | 94 | 2205 | | 65 | 1050 |

| 24 | 63 | | 47 | 132 | | 71 | 1104 | | 57 | 602 |

| 46 | 529 | | 72 | 1100 | | 79 | 1428 | | 67 | 1050 |

| 85 | 1800 | | 34 | 285 | | 38 | 360 | | 81 | 1568 |

22 57	22 96	23 112	22 120
62 936	63 650	59 850	41 148

| 64 | 663 | | 58 | 312 | | 85 | 1716 | | 16 | 55 |

| 29 | 190 | | 62 | 792 | | 49 | 258 | | 69 | 1190 |

| 30) 209 | 49) 588 | 34) 253 | 51) 644 |

| 69) 1118 | 70) 1221 | 62) 765 | 95) 2236 |

| 61 | 624 | | 44 | 480 | | 67 | 1066 | | 54 | 504 |

| 29 | 138 | | 27 | 176 | | 55 | 546 | | 92 | 2091 |

31 234	58 517	54 245	47 90
91 2068	67 882	34 280	41 78

71 1170	71 1230	38 240	56 528
44 483	78 1496	60 500	48 432

31 | 58

38 | 280

64 | 799

67 | 1102

68 | 931

32 | 247

47 | 462

20 | 91

50 576	64 855	13 30	27 110
48 455	51 440	43 442	40 279

SECTION 2: Sum and Product of Three Factors

This number is the sum of the three factors.

31

This number is the product of the three factors.

840

answer: 14, 5, 12

14 + 5 + 12 = 31
14 * 5 * 12 = 840

| 44 | 640 | | 76 | 7344 | | 71 | 7056 | | 58 | 3456 |

| 52 | 1248 | | 82 | 3192 | | 86 | 8050 | | 48 | 2436 |

126) 73920   40) 1280   114) 53130   72) 13104

73) 8775   68) 10560   83) 20493   74) 12880

| 52) 2310 | 102) 37518 | 83) 20736 | 81) 18240 |

| 80) 12090 | 109) 40635 | 69) 8880 | 72) 2442 |

61) 6864   73) 8127   43) 840   92) 24354

66) 8190   62) 4900   68) 7600   78) 5220

| 57 | 5460 | | 48 | 960 | | 77 | 16192 | | 89 | 18720 |

| 26 | 190 | | 106 | 43520 | | 61 | 3936 | | 72 | 13440 |

53 2040

65 4704

36 1386

84 20400

97 30015

108 45182

67 8832

78 2886

| 92 20254 | 90 15750 | 87 16800 | 73 10800 |

| 89 25344 | 108 45240 | 89 18655 | 106 43956 |

63 7260	107 39732	93 27716	73 8712
67 3888	40 1350	77 15295	87 18720

| 96 | 28750 | | 76 | 16250 | | 29 | 352 | | 86 | 11776 |

| 98 | 24696 | | 82 | 19964 | | 83 | 4725 | | 83 | 18081 |

53 2376	62 6600	101 35991	71 11284
98 31590	37 528	70 5270	91 22968

| 79 | 16796 | | 64 | 4140 | | 25 | 171 | | 52 | 3672 |

| 69 | 4800 | | 54 | 1476 | | 54 | 2484 | | 92 | 23698 |

$\underline{60\quad1482}$ $\underline{62\quad3700}$ $\underline{54\quad736}$ $\underline{83\quad19152}$

$\underline{57\quad3888}$ $\underline{80\quad13110}$ $\underline{70\quad9360}$ $\underline{43\quad2016}$

99   35836   35   672   66   8748   102   31752

55   5313   65   4480   97   23828   66   6656

64 5600	100 35670	60 6448	64 7106
91 5796	103 30272	66 3648	78 14790

93 24300   47 1485   16 126   49 1587

55 4860   63 5265   63 8800   51 2184

| 93 | 27195 | | 56 | 4774 | | 86 | 17056 | | 35 | 1248 |

| 39 | 2100 | | 59 | 7581 | | 79 | 16905 | | 97 | 25200 |

Section 3: Sum and Product of four factors

This number is the sum of 4 factors.

54

This number is the product of 4 factors.

22176

answer: 7, 9, 16, 22

7 + 9 + 16 + 22 = 54
7 * 9 * 16 * 22 = 22176

| 55 | 18480 | | 41 | 5600 | | 36 | 1020 | | 51 | 20808 |

| 60 | 42120 | | 59 | 39468 | | 62 | 53352 | | 48 | 19305 |

32) 460   65) 43470   71) 73600   49) 10530

71) 66654   66) 63504   59) 32340   52) 11880

49 15840   38 5096   54 9384   35 2160

42 2052   46 14560   46 14175   44 9360

| 63) 29568 | 41) 4158 | 44) 4284 | 62) 52416 |

| 51) 19584 | 64) 47916 | 58) 26460 | 54) 13608 |

| 45 | 12852 | | 59 | 35190 | | 44 | 13500 | | 62 | 50232 |

| 45 | 7776 | | 43 | 10368 | | 41 | 5130 | | 46 | 11760 |

| 80 | 155232 | | 29 | 1400 | | 61 | 33880 | | 60 | 29040 |

| 51 | 16900 | | 87 | 219006 | | 76 | 111804 | | 59 | 40698 |

| 48 | 12168 | 42 | 6840 | 70 | 85680 | 51 | 26208 |

| 60 | 30429 | 65 | 51520 | 38 | 3024 | 33 | 3850 |

38) 1092   42) 5760   54) 22528   46) 8448

64) 45080   29) 1120   44) 8208   69) 69696

| 46)12375 | 45)9360 | 56)22080 | 63)32890 |

| 48)13608 | 75)106480 | 52)8316 | 74)112860 |

43 4928	69 73920	20 600	57 25806
52 16560	43 5040	41 9072	48 11440

| 41 | 5016 | | 59 | 29808 | | 45 | 12160 | | 52 | 12096 |

| 49 | 15246 | | 60 | 47736 | | 49 | 17600 | | 30 | 760 |

| 71 91520 | 60 33880 | 63 53482 | 67 67830 |

| 37 3510 | 66 27531 | 54 11088 | 35 2100 |

65 45360	40 3696	33 1638	46 6300
33 2250	58 25740	34 1188	58 29400

| 50 14651 | 50 17024 | 52 26741 | 41 8960 |

| 35 3332 | 26 1008 | 27 1080 | 40 3564 |

43) 2990   49) 5040   34) 3960   62) 15884

54) 16456   54) 27027   50) 24192   49) 11900

| 41 | 3528 | 70 | 86411 | 39 | 7680 | 40 | 3840 |

| 73 | 80960 | 49 | 12000 | 71 | 88088 | 73 | 74382 |

Section 4: Sum and Product of five factors

This number is the product of five factors.

56

This number is the sum of five factors.

76032

answer: 4, 8, 9, 11, 24

4 + 8 + 9 + 11 + 24 = 56
4 * 8 * 9 * 11 * 24 = 76032

| 61 | 212940 |

| 56 | 131712 |

| 55 | 128520 |

| 69 | 449540 |

| 38 | 16200 |

| 54 | 80640 |

| 59 | 156000 |

| 63 | 231660 |

56   145600   61   239616   59   71060   54   129024

42   34560   62   179550   64   204120   63   235620

| 83 | 1220940 | | 67 | 402220 | | 46 | 37632 | | 44 | 24192 |

| 51 | 73872 | | 41 | 12768 | | 53 | 83300 | | 56 | 95760 |

44 | 12960   43 | 24336   72 | 583200   46 | 47190

54 | 42840   65 | 284544   30 | 4752   62 | 174720

| 61 | 167076 |

| 65 | 311040 |

| 46 | 25410 |

| 38 | 10080 |

| 60 | 126360 |

| 45 | 19200 |

| 56 | 54720 |

| 75 | 658920 |

53) 33516   56) 158400   38) 20790   60) 77760

49) 39501   52) 59584   19) 432   58) 123120

| 56 | 96768 | | 44 | 44352 | | 40 | 29568 | | 46 | 42240 |

| 51 | 41184 | | 53 | 42432 | | 66 | 314496 | | 55 | 116640 |

26 3150

70 489600

49 38880

54 109824

39 16200

79 902880

39 8568

40 9216

| 43 | 12540 |

| 69 | 381024 |

| 48 | 45600 |

| 58 | 161280 |

| 54 | 43008 |

| 32 | 1872 |

| 76 | 703950 |

| 57 | 124416 |

| 46 | 34560 | | 66 | 243200 | | 68 | 145350 | | 57 | 178464 |

| 44 | 15048 | | 44 | 31680 | | 57 | 138996 | | 54 | 102102 |

| 59 | 107712 | 64 | 266760 | 66 | 217728 | 75 | 662112 |

| 77 | 766080 | 45 | 19968 | 49 | 54208 | 78 | 845614 |

| 50) 45360 | 38) 8960 | 44) 19440 | 47) 46656 |

| 60) 84240 | 53) 34020 | 47) 56160 | 32) 4224 |

| 38 8330 | 29 2640 | 28 2400 | 49 24700 |

| 63 261120 | 47 40500 | 54 88200 | 38 13500 |

54 69120   52 25270   48 35640   48 17024

56 59400   59 133280   47 33600   47 21888

62 173400	62 218790	53 95256	54 91520
64 302940	56 42750	79 872100	54 108864

| 39 | 8160 | | 21 | 576 | | 61 | 171000 | | 58 | 70642 |

| 56 | 20520 | | 51 | 80640 | | 57 | 114920 | | 64 | 293760 |

Section 5: The Sum and Product of six factors

The sum of the six factors is
⇩
67

The product of the six factors is
⇩
237600

answer: 2, 8, 18, 25, 11, 3

2 + 8 + 18 + 25 + 11 + 3 = 67
2 * 8 * 18 * 25 * 11 * 3 = 237600

| 61 | 266560 | | 73 | 2806650 | | 62 | 584064 | | 49 | 84480 |

| 73 | 2023000 | | 67 | 594048 | | 52 | 291060 | | 68 | 1305600 |

| 52 | 181440 | | 63 | 1003520 | | 55 | 134784 | | 72 | 2187000 |

| 40 | 39424 | | 56 | 302400 | | 55 | 563200 | | 51 | 114240 |

| 66 | 811200 | 73 | 2665872 | 64 | 312120 | 74 | 2570400 |

| 55 | 352800 | 50 | 121680 | 44 | 37440 | 52 | 316800 |

| 67 612000 | 50 151200 | 75 1310400 | 60 374400 |

| 78 3564288 | 50 205920 | 43 68250 | 57 229320 |

64 530400	62 552960	69 1279488	54 176000
38 16384	66 443904	62 1111968	40 21840

60 250880	47 203742	51 196560	39 18720
76 3534300	69 735488	48 109760	68 1858560

| 68 | 1570800 | | 54 | 285120 | | 62 | 590733 | | 74 | 2994992 |

| 60 | 502656 | | 63 | 822528 | | 50 | 280917 | | 60 | 280500 |

63 489600	67 1536000	59 442368	80 4720815
69 1560000	38 40320	70 863940	63 338130

58 346800	53 89760	66 1455300	56 528000
67 1451520	45 37440	44 30464	51 68992

54	445500
50	96768
70	1261260
39	28800

55	166320
53	262440
40	21600
66	1277760

58 504000	63 493920	50 248832	62 574464
66 1053696	48 145200	58 269280	64 200704

| 50 | 134400 | | 37 | 21600 | | 72 | 2339064 | | 57 | 337500 |

| 49 | 94640 | | 59 | 378000 | | 75 | 3182400 | | 55 | 188496 |

| 60 | 439824 | | 53 | 102000 | | 63 | 802230 | | 56 | 466560 |

| 66 | 1478400 | | 48 | 96768 | | 52 | 150000 | | 65 | 1138368 |

57 166464	45 87750	62 688500	60 544320
60 366912	64 454272	69 1604460	52 201960

| 59 | 368550 |

| 37 | 41160 |

| 66 | 1036800 |

| 50 | 142560 |

| 48 | 102900 |

| 65 | 1153152 |

| 61 | 793800 |

| 40 | 47520 |

| 66 | 816480 | | 52 | 124800 | | 55 | 93184 | | 70 | 1357824 |

| 61 | 668850 | | 76 | 3447600 | | 72 | 2079168 | | 45 | 31590 |

Section 6: The sum and product of the digits of a number

The sum of the digits is: ⇩
29

The product of the digits is: ⇩
2592

answer: **691283**

6 + 9 + 1 + 2 + 8 + 3 = 29
6 * 9 * 1 * 2 * 8 * 3 = 2592

__21__ __504__

__27__ __1680__

__20__ __112__

__25__ __1470__

__32__ __14112__

__9__ __12__

__23__ __800__

__27__ __1440__

| 21 | 400 | | 12 | 36 | | 24 | 1008 | | 28 | 3456 |

| 26 | 756 | | 34 | 13824 | | 38 | 22680 | | 21 | 420 |

24   576

23   504

29   3780

43   93312

28   3240

17   168

40   64512

23   1800

| 34 | 6804 | | 34 | 8064 | | 26 | 5040 | | 21 | 1280 |

| 24 | 2880 | | 18 | 108 | | 26 | 2016 | | 33 | 9072 |

| 24 | 1440 |

| 14 | 72 |

| 29 | 3072 |

| 21 | 864 |

| 29 | 6144 |

| 21 | 1200 |

| 20 | 480 |

| 20 | 240 |

| 29 | 4704 | | 10 | 16 | | 24 | 756 | | 26 | 4725 |

| 28 | 4480 | | 32 | 5760 | | 21 | 224 | | 31 | 6048 |

24 1323	22 700	36 26880	31 8640
39 25920	27 1344	30 4704	41 72576

| 24 | 1890 | | 36 | 33075 | | 25 | 648 | | 28 | 4032 |

| 25 | 1176 | | 27 | 1296 | | 32 | 7056 | | 37 | 30240 |

| 24 | 1344 | | 28 | 2592 | | 20 | 420 | | 26 | 2880 |

| 13 | 60 | | 31 | 5376 | | 39 | 70560 | | 34 | 18432 |

| 28 | 2688 | | 36 | 27216 | | 25 | 1728 | | 25 | 2025 |

| 27 | 6000 | | 29 | 5400 | | 37 | 34560 | | 33 | 11760 |

Section 7: The sum and product of varying numbers of factors

In this section, you will not be told how many factors there are.

The sum of the factors is:
64

The product of the factors is:
4320

answer: 32, 27, 5

32 + 27 + 5 = 64
32 * 27 * 5 = 4320

| 94 | 13317120 | | 96 | 2316600 | | 82 | 5116320 | | 84 | 144000 |

| 118 | 5702400 | | 67 | 1784640 | | 71 | 2381400 | | 98 | 26676 |

| 121 | 799680 | | 112 | 3127 | | 50 | 525 | | 135 | 11985120 |

| 69 | 1995840 | | 100 | 2211 | | 128 | 839160 | | 77 | 114240 |

| 125 | 3400 | | 160 | 23395840 | | 83 | 19600 | | 69 | 1886976 |

| 98 | 295596 | | 81 | 5256576 | | 123 | 7135128 | | 94 | 1791504 |

<u>**157   6090**</u>   <u>**92   11950848**</u>   <u>**141   15629328**</u>   <u>**98   299880**</u>

<u>**89   1908**</u>   <u>**108   263736**</u>   <u>**114   41022**</u>   <u>**105   300960**</u>

85 5552064	119 3330	59 6916	120 33264
133 67275	123 6780375	186 237510	155 121024

109 306816	162 156774	76 2913120	146 5208
116 48384	148 1741844	102 298584	125 3634

| 125 | 3834 | | 129 | 7076160 | | 140 | 96460 | | 137 | 9297365 |

| 80 | 4851392 | | 147 | 5162 | | 119 | 56457 | | 95 | 1136520 |

| 143 | 14805504 | | 134 | 1197120 | | 77 | 1480 | | 109 | 3447360 |

| 116 | 2988900 | | 84 | 1088 | | 128 | 56160 | | 101 | 21349008 |

119	35712

82	4775232

146	5265

97	1927800

104	387828

121	614040

39	350

102	25740

134	994896

89	1428

87	8432424

134	12606300

76	77500

72	1876896

120	45356

88	8402940

www.ingramcontent.com/pod-product-compliance
Lightning Source LLC
Chambersburg PA
CBHW062219220526
45471CB00009B/3264